BEI GRIN MACHT SICH IHR WISSEN BEZAHLT

- Wir veröffentlichen Ihre Hausarbeit, Bachelor- und Masterarbeit

- Ihr eigenes eBook und Buch - weltweit in allen wichtigen Shops

- Verdienen Sie an jedem Verkauf

Jetzt bei www.GRIN.com hochladen und kostenlos publizieren

Ernst Probst

Nguoi Rung. Der vietnamesische Affenmensch

Mit Zeichnungen von Shuhei Tamura

GRIN Verlag

Bibliografische Information der Deutschen Nationalbibliothek:

Die Deutsche Bibliothek verzeichnet diese Publikation in der Deutschen National-
bibliografie; detaillierte bibliografische Daten sind im Internet über http://dnb.d-
nb.de/ abrufbar.

Impressum:

Copyright © 2013 GRIN Verlag GmbH
Druck und Bindung: Books on Demand GmbH, Norderstedt Germany
ISBN: 978-3-656-43968-4

Dieses Buch bei GRIN:

http://www.grin.com/de/e-book/215518/nguoi-rung-der-vietnamesische-affenmensch

„Minnesota Iceman",
Zeichnung von Talitha Wittich

Ernst Probst

Nguoi Rung

Der vietnamesische
Affenmensch

Meinen Enkelkindern
Max, Paula und Jana gewidmet

*Belgischer Zoologe Bernard Heuvelmans (1916–2001),
Zeichnung von Talitha Wittich*

Viele Tierarten sind noch unentdeckt

Ein geheimnisvoller „Waldmensch" oder „Wilder Mensch", dessen Aussehen von Augenzeugen sehr unterschiedlich beschrieben wurde, soll in Urwäldern von Vietnam, Kambodscha und Laos existieren. Weil er angeblich das Feuer beherrscht, wird er von Kryptozoologen als überlebender prähistorischer Frühmensch betrachtet. Dieses rätselhafte Geschöpf steht im Mittelpunkt des Taschenbuches „Nguoi Rung. Der vietnamesische Affenmensch" des Wiesbadener Wissenschaftsautors Ernst Probst.
Probst ist weder Kryptozoologe, noch glaubt er an die Existenz von Affenmenschen, die überlebende Frühmenschen oder Urmenschen wären. Aber er kann nicht ausschließen, dass in abgelegenen Gegenden der Erde noch bisher unbekannte Affen oder Menschenaffen ein verborgenes Dasein führen. Denn von 1900 bis heute sind erstaunlich viele große Tiere erstmals entdeckt und wissenschaftlich beschrieben worden. Darunter befinden sich auch Primaten wie der Berggorilla (1902), der Kaiserschnurrbarttamarin (1907), der Bonobo (1929), der Goldene Bambuslemur (1986), der Goldkronen-Sifaka oder Tattersall-Sifaka (1988), das Schwarzkopflöwenäffchen (1990) und der Burmesische Stumpfnasenaffe (2010).
Das Taschenbuch „Nguoi Rung. Der vietnamesische Affenmensch" enthält eigens hierfür angefertigte Zeichnungen des japanischen Künstlers Shuhei Tamura. Dieser hat dankens-

Erstmals 1902 wissenschaftlich beschrieben:
der Berggorilla (Gorilla beringei beringei)

werterweise oft prähistorische Raubkatzen für Werke des deutschen Autors Ernst Probst gezeichnet.

Nach Ansicht von Kryptozoologen, die weltweit nach verborgenen Tierarten (Kryptiden) suchen, leben auf der Erde noch zahlreiche unbekannte Spezies, die ihrer Entdeckung harren. Bisher sind auf unserem „blauen Planeten" etwa 1,5 Millionen Tierarten bekannt. Manche Wissenschaftler vermuten, dass mehr als 15 Millionen Tierarten noch unentdeckt bzw. unbeschrieben sind.

Der verhältnismäßig junge Forschungszweig der Kryptozoologie wurde von dem belgischen Zoologen Bernard Heuvelmans (1916–2001) um 1950 benannt und gegründet. Er sammelte Tausende von Berichten, Legenden, Sagen, Geschichten und Indizien verborgener Tiere und prägte durch seine Fleißarbeit die Kryptozoologie nachhaltig.

Als Zweige der Kryptozoologie gelten die Dracontologie, die sich mit den Wasserkryptiden befasst, die Hominologie, die sich mit Affenmenschen beschäftigt, und die Mythologische Kryptozoologie, welche die Entstehungsgeschichte von Fabelwesen erforscht. Der Begriff Hominologie wurde 1973 durch den russischen Wissenschaftler Dmitri Bayanow eingeführt. In der Folgezeit haben Kryptozoologen verschiedene Untergliederungen der Hominologie vorgeschlagen.

Die Kryptozoologie bewegt sich teilweise zwischen seriöser Wissenschaft und Phantastik. Kryptozoologen wollen nicht glauben, dass unser Planet schon sämtliche zoologischen Ge-Geheimnisse preisgegeben hat, obwohl Satelliten regelmäßig die ganze Erdoberfläche überwachen. Nach ihrer Ansicht bleibt das, was unter dem Kronendach tropischer Regenwälder oder in den Tiefen der Ozeane existiert, selbst modernster Spionage-Technik verborgen.

Erstmals 1907 wissenschaftlich beschrieben:
der Kaiserschnurrbarttamarin (Saguinus imperator)

Erstmals 1929 wissenschaftlich beschrieben:
der Bonobo (Pan paniscus)

Erstmals 1986 wissenschaftlich beschrieben:
der Goldene Bambuslemur (Hapalemur aureus)

Erstmals 1988 wissenschaftlich beschrieben:
der Goldkronen-Sifaka (Propithecus tattersalli)

Erstmals 1990 wissenschaftlich beschrieben:
das Schwarzkopflöwenäffchen (Leontopithecus caissara)

Schneemensch „Yeti",
Zeichnung von Philippe Semeria bei „Wikipedia"

Nordamerikanischer Affenmensch „Bigfoot",
Zeichnung von User „Lizard King" bei „Wikipedia"

Affenmensch „Orang Pendek" auf Sumatra,
Zeichnung von Shuhei Tamura

Affenmensch
„Alma"
in der Mongolei,
Zeichnung von
Shuhei Tamura

*Sibirischer
Affenmensch
„Chuchunaa",
Zeichnung von
Shuhei Tamura*

„De-Loys-Affe" in Südamerika.
Das Foto wurde angeblich 1920 aufgenommen.

*Angebliches Foto des „Skunk Ape" („Stinktier-Affe")
in Florida aus dem Jahre 2000*

Kryptozoologen zufolge gibt es auf der Erde noch erstaunlich viele bisher unbekannte Tierarten zu entdecken.

Auf allen fünf Erdteilen – so glauben Kryptozoologen – leben beispielsweise große Affenmenschen. Die bekanntesten von ihnen sind „Yeti" im Himalaja, „Bigfoot" in Nordame-rika, „Orang Pendek" auf Sumatra und „Alma" in der Mongolei. Als Affenmenschen gelten auch „Chuchunaa" in Ostsibirien, „Nguoi Rung" in Vietnam, „De-Loys-Affe" in Südamerika, „Skunk Ape" in Florida, „Yeren" in China und „Yowie" in Australien.

Affenmenschen nennt man – laut „Wikipedia" –„affen-ähnliche", das heißt nicht mit allen Merkmalen der Art *Homo sapiens* ausgestattete Vertreter der „Echten Menschen" (Hominiden). Sie gehören zu den bekanntesten Landkryptiden.

*„Nguoi Rung" wurde während des Vietnamkrieges
in den 1960-er und 1970-er Jahren
angeblich von vietnamesischen Vietcong-Kämpfern
sowie nordvietnamesischen
und amerikanischen Soldaten (Foto) gesichtet.*

Nguoi Rung

Der „vietnamesische Yeti"

Urwälder in Vietnam, Kambodscha und Laos sollen die Heimat des Affenmenschen „Nguoi Rung" („Waldmensch" oder „Wilder Mensch") sein. Über diesen „vietnamesischen Yeti", der auch „Batutut" oder „Ujit" genannt wird, liegen sehr unterschiedliche Berichte von Augenzeugen vor: Mal ist „Nguoi Rung" sehr groß, mal sehr klein, mal trägt er ein graues Körperfell, mal ein braunes oder schwarzes, mal wird er einzeln, mal als Gruppe gesichtet. Aber immer geht er aufrecht.

Die erste Sichtung von „Nguoi Rung" soll in der Nacht vom 23. auf den 24. August 1947 in einem Urwald der Provinz Kontum im ehemaligen Indochina (heute Vietnam) geglückt sein. Dort schreckte die Spitze einer Kolonne von 20 Franzosen und Einheimischen, die so leise wie möglich einen Nachtmarsch durch den Urwald unternahm, ein seltsames Lebewesen auf. Dieser „wilde Mensch" schrie oder grunzte, als er die Kolonne erblickte. Über diese merkwürdige Begegnung berichtete später der französische Soldat Jules Harrois.

Einem mit grauen Haaren bedeckten Affenmenschen, der körperlich wie ein Orang-Utan aussah, sollen Männer einer vietnamesischen Pioniereinheit 1950 im Urwald unweit der Gebirgskette Chu Bia begegnet sein. Dies berichtete später Ngo Hoang, der damals als bewaffneter Agent des Ministeriums für Propaganda im feindlichen Hinterland von Dac Lac gearbeitet hatte. Weil die Soldaten strikte Anweisung hatten, nicht zu schießen, konnte das Geschöpf entkommen.

Dorf der M'Nong in Vietnam

26

Die Kameraden von Ngo Hoang erzählten, der Affenmensch sei sehr schnell gerannt, so schnell wie es nur ein Waldtier könne. Zuvor hatten die Pioniere bereits Fußabdrücke entdeckt, die anderthalb mal so groß wie diejenigen eines Menschen gewesen sein sollen.

„Nguoi Rung" wurde während des Vietnamkrieges in den 1960-er und 1970-er Jahren von vietnamesischen Vietcong-Kämpfern sowie nordvietnamesischen und amerikanischen Soldaten gesichtet. Es kursieren zudem Berichte, wonach US-Soldaten einen „wilden Mann" erschossen haben sollen, was aber als sehr unwahrscheinlich gilt.

Im bergigen Dschungel von Vietnam hatte eine aus sechs US-Soldaten der „101st Airborne Division" bestehende Patrouille eine unerwartete Begegnung. Während die Männer angestrengt Ausschau nach feindlichen Vietcong-Kämpfern hielten, schüttelten sich in etwa vier Meter Entfernung plötzlich stark Äste von Büschen. Statt eines oder mehrerer Vietcong bot sich der Patrouille nach eigener Aussage ein ungewöhnlicher Anblick. Sie sahen eine etwa 1,50 Meter große Kreatur mit länglichem Kopf, tiefliegenden dunklen Augen, kräftigem Oberkörper, breiten Schultern, langen, dicken und muskulösen Armen sowie rotbraunen, verfilzten Haaren, die den Körper und die Gliedmaßen bedeckten. Dieser „wilde Mensch" sah die Männer böse an, bevor er sein Interesse an ihnen verlor und verschwand. Nachzulesen ist diese Begegnung in dem Buch „Very Crazy G.I. – Strange but True Stories of the Vietnam War" (2001) des US-Veteranen Kregg P. J. Jorgenson, der ab 1969 in Vietnam gedient hatte.

Unglaublich klingt, was ein Mann aus dem vietnamesischen Volk der M'Nong vor etwa einem halben Jahrhundert erlebt haben soll. Dieser Mann aus einem Bergdorf ging unweit des Lac Yang Tao Pass in den Urwald und war danach spurlos verschwunden. In seinem Heimatdorf glaubte man bald, er habe sich verirrt und sei nicht mehr am Leben. Doch nach drei Jahren kehrte der Vermisste plötzlich eines Tages völlig nackt und mit langen Haaren wieder in seinem Dorf auf.

Der Heimkehrer erzählte, er sei im Urwald von Geschöpfen, die wie Affen aussahen, mitgenommen worden. Doch diese Kreaturen seien keine Affen, sondern größer gewesen und hätten sehr lange Haare getragen. Angeblich wurde der entführte Mann gezwungen, zusammen mit einem weiblichen Wesen in einer Höhle tief im Urwald zu hausen. Seine Gefährtin soll tagsüber den Eingang der Höhle mit einem großen Stein versperrt haben und dann auf Nahrungssuche gegangen sein. Nach Angaben des Mannes bekam das ungewöhnliche Paar irgendwann Nachwuchs.

Als seine Gefährtin eines Tages nachlässig gewesen sei, soll der entführte Mann aus der Höhle entkommen sein und den Weg zurück in sein Heimatdorf gefunden haben. In den folgenden Tagen hörten Einwohner des Bergdorfes angeblich oft Klagelaute der Verlassenen. Dorfbewohner sollen den Spuren des Heimkehrers zu der Höhle gefolgt sein, in der dieser zuletzt gelebt hatte. Bei der Ankunft bot sich ihnen angeblich ein schrecklicher Anblick. Der Eingang zur Höhle sei zerstört gewesen und das weibliche Baby getötet worden. Die ehemalige Gefährtin hatte sich aus dem Staub gemacht.

Vietnam wurde auch als einer der eventuellen Herkunftsorte des während der 1960-er Jahre auf Jahrmärkten in den USA und in Kanada ausgestellten „Minnesota Iceman" genannt. Dabei handelte es sich angeblich um den in einem Eisblock eingefrorenen Körper eines menschenartigen männlichen Wesens. Dieses Geschöpf war etwa 1,80 Meter groß, besaß eine flache Nase, trug am Körper rund neun Zentimeter lange, dunkelbraune Haare und hatte große Hände und Füße.

Am 9. Dezember 1968 erhielt der auf einer Farm in New Jersey lebende Kryptozoologe Ivan T. Sanderson (1911– 1973) einen Anruf des Schlangenhändlers Terry Cullen aus Milwaukee, der ihn aufhorchen ließ. Cullen teilte mit, ihm sei kürzlich auf einem Rummelplatz ein rätselhaftes Ausstellungsobjekt aufgefallen. Dabei solle es sich um einen „haarigen Mann" handeln, den der Schausteller als echtes „Missing Link" zwischen Mensch und Affe präsentiere. Für einen Blick darauf mussten Betrachter 25 Cent bezahlen.

Durch diese telefonische Mitteilung wurde die Neugier von Sanderson geweckt. Er galt in den USA als Experte für die Affenmenschen „Bigfoot" und „Yeti". Allerdings war er wegen mitunter allzu phantasievollen Behauptungen über Kryptiden umstritten. Sanderson machte den betreffenden Schausteller namens Frank Hansen ausfindig. Dieser lebte auf einer Farm in Rollingstone unweit von Winona in Minnesota.

Die populärwissenschaftliche Zeitschrift „Argosy", für die Sanderson als Redakteur arbeitete, erklärte sich dazu bereit, die Kosten für Recherchen über das rätselhafte Ausstellungsobjekt zu tragen. Zusammen mit seinem alten Freund, dem Zoologen Bernard Heuvelmans, der ihn Anfang Dezember 1968 besucht hatte, reiste Sanderson zur Farm von Hansen, wo sie am 17. Dezember 1968 eintrafen.

Neben dem Farmhaus von Hansen stand ein Anhänger, in dem sich eine große Gefriertruhe befand. Darin erblickten die staunenden Besucher Sanderson und Heuvelmans ein liegendes Geschöpf, das der Wissenschaft vermeintlich noch nicht bekannt war. Das seltsame Lebewesen ähnelte einem Menschen, dessen Körper mit langen, braunen Haaren bedeckt wurde. Nur sein Gesicht und seine Leistengegend waren unbehaart. An drei Tagen untersuchten Sanderson und Heuvelmans jeweils rund elf Stunden lang das Wesen in der Gefriertruhe.

Der „Minnesota Iceman"
wurde in den 1960-er
Jahren von dem
Schausteller Frank Hansen
auf Jahrmärkten
in den USA und in Kanada
gezeigt. Dabei handelte
es sich angeblich
um den in einem Eisblock
eingefrorenen Körper
eines menschenartigen
männlichen Wesens.
Dieses Geschöpf war
etwa 1,80 Meter groß,
besaß eine flache Nase,
trug am Körper rund neun
Zentimeter lange,
dunkelbraune Haare und
hatte große Hände und
Füße. Hoden und ein
kleiner Penis verrieten,
dass es sich zweifellos um
einen Mann handelte.
Offenbar gebrochen war
der über das Gesicht
geworfene linke Arm.
Zeichnung von
Talitha Wittich

Sie fertigten davon Zeichnungen und Fotos an. Das Geschöpf erreichte eine Länge von etwa 1,80 Meter. Hoden und ein kleiner Penis verrieten, dass es sich zweifellos um einen Mann handelte. Der Hinterkopf wirkte zerschmettert. Ein Augapfel fehlte, der andere quoll heraus und hing über dem Backenknochen. Offenbar gebrochen war der über das Gesicht geworfene linke Arm. Es schien so, als hätte dieses Geschöpf vergeblich versucht, mit seinem Arm eine Gewehrkugel abzuwehren. Sanderson und Heuvelmans erkannten deutlich Blutspuren und bemerkten einen süßlichen Verwesungsgeruch. Ein Fuß war gräulich verfärbt und schien sich zu zersetzen. Als Hansen vom Zustand der vermeintlichen Leiche erfuhr, reagierte er beunruhigt. Sanderson und Heuvelmans waren fest davon überzeugt, dieses merkwürdige Wesen habe bis vor kurzem noch gelebt.

Seltsamerweise äußerte sich Hansen über die Herkunft des rätselhaften Geschöpfes in der Gefriertruhe nur vage und widersprüchlich. Sanderson und Heuvelmans vermuteten, dieses Wesen stamme aus dem Fernen Osten, obwohl hierfür keine näheren Anhaltspunkte vorlagen.

Hansen behauptete einmal, das Geschöpf sei in einem schätzungsweise 3.000 Kilogramm schweren Eisblock im Ochotskischen Meer vor Nordost-Asien treibend geborgen worden. Bei anderer Gelegenheit erwähnte er einen Händler aus Hongkong. Hansen beteuerte, Eigentümer dieses ungewöhnlichen Ausstellungsstückes sei nicht er selbst, sondern ein reicher kalifornischer Millionär. In den Medien wurde später über Dean Martin (1917–1995) oder Frank Sinatra (1915–1998) als Besitzer spekuliert.

Weil Hansen kein öffentliches Aufsehen erregen und eine genaue Untersuchung vermeiden wollte, verlangte er von Sanderson, dieser dürfe nichts darüber veröffentlichen, was er gesehen habe. Sanderson ging auf diese Forderung ein. Im Gegensatz zu ihm gab der sich als Wissenschaftler vor allem der Wahrheit verpflichtete Heuvelmans kein solches Versprechen.

Als Sanderson und Heuvelmans nach New Jersey zurückgekehrt waren, schrieb jeder über seine Eindrücke, die das merkwürdige Geschöpf in der Tiefkühltruhe auf ihn gemacht hatte. Aufgefallen waren ihnen der breite und muskulöse Rumpf, die aufgestülpte, boxerähnliche Nase, die kurzen Beine sowie die breiten und flachen Füße. Wie beim Menschen lagen die große und zweite Zehe jeweils dicht nebeneinander. Die farbigen und schwarz-weißen Fotos waren sehr gut gelungen. Am 8. Januar 1969 legten Sanderson und Heuvelmans dem Anthropologen Carleton S. Coon (1904–1981) in Massachusetts ihr Material zur Begutachtung vor. Coon bestätigte Heuvelmans, jenes Wesen weise – soweit er dies aus den beschriebenen äußeren Merkmalen schließen könne – menschenähnliche Züge auf. Weil Coon gerade in eine öffentliche Kontroverse über seine Ansichten in Rassenfragen verwickelt war, wollte er Sanderson und Heuvelmans nicht bei folgenden Forschungen unterstützen, wünschte ihnen aber für ihre weitere Arbeit viel Glück.

Heuvelmans schickte am 14. Januar 1969 dem Vorstand des belgischen „Königlichen Instituts für Naturwissenschaften" einen kurzen Bericht, in dem er für das Geschöpf in der Tiefkühltruhe den wissenschaftlichen Namen *Homo pongoides* („Affenmensch") vorschlug. Diese Mitteilung wurde begeistert aufgenommen und man vereinbarte, die Ergebnisse innerhalb eines Monats zu veröffentlichen.

Außerdem schickte Heuvelmans englischsprachige Übersetzungen seines kurzen Berichts an W. C. Osman-Hill vom „Yerkes Regional Primate Center" in Atlanta (Georgia) und an John Napier (1917–1987) von der „Smithsonian Institution" (Washington DC.). Napier zeigte Interesse und prägte die Bezeichnung „Iceman" („Eismensch"). Doch Heuvelmans lehnte den journalistischen Stil von Napier ab, weil dieser nach seiner Ansicht nur dazu beitrage, „eine überaus ernsthafte Proble-matik ins Lächerliche zu ziehen". Ungeachtet dessen wurde das Geschöpf aus der Tiefkühltruhe bald als „Minnesota Iceman" („Minnesota Eismensch") bekannt.

Als Frank Hansen von der Veröffentlichung des Berichts aus der Feder von Bernard Heuvelmans in einer belgischen Fachzeitschrift erfuhr, war er regelrecht bestürzt. Weil darin von einem erschossenen Menschen die Rede war, befürchtete er polizeiliche Nachforschungen. Ivan T. Sanderson nahm am 18. Januar 1969 in New Jersey sogar Verbindung mit dem „Federal Bureau of Investigation" („FBI"), der Bundes-Kriminalpolizei der USA, auf. Doch dort stieß er auf kein Interesse. Ein Tötungsfall galt beim „FBI" nur dann als Mord, wenn das Opfer ein Mensch war.

Heuvelmans spekulierte, der „Minnesota Iceman" könne während des Vietnam-Krieges in Vietnam erschossen worden sein. Frank Hansen war US-Pilot in Vietnam gewesen und soll – laut einer Theorie – den Leichnam des Kryptiden in einem Leichensack für tote US-Soldaten aus dem Kriegsgebiet herausgeschmuggelt haben.

In einer belgischen Tageszeitung konnte man am 11. März 1969 einen Bericht über den „Eismenschen" lesen. Es dauerte nicht lange, bis sich weltweit Journalisten auf diese kuriose Geschichte stürzten und sie veröffentlichten. Auf Veranlassung des Anthropologen John Napier wandte sich am 13. März 1969 die „Smithsonian Instution" an Frank Hansen und bat ihn offiziell um Zusammenarbeit bei der Erforschung des „Eismenschen". Obwohl Napier bereits seit gut einem Monat von dieser Entdeckung gewusst hatte, war er bis dahin nicht nach Minnesota gefahren, um den Fund selbst zu begutachten. Hansen fühlte sich durch ständige Anfragen von Journalisten und Wissenschaftlern inzwischen so stark belästigt, dass er mit dem „Eismenschen" flüchtete.

Der teilweise groteske Pressewirbel war nicht das, was Bernard Heuvelmans eigentlich wollte. Ihm war sehr daran gelegen, dass über dieses Thema in einem angemessenen Niveau berichtet wurde. Andererseits gelang es ihm nicht, Fotos des „Eismenschen" in einer renommierten Zeitschrift wie „Life", „Look" oder „National Geograph" unterzubringen. Stattdessen erschienen Fotos vom „Eismenschen" im April 1969 zusammen mit einem Artikel von Ivan T. Sanderson im Magazin „Argosy". In der Überschrift stellte Sanderson die Frage, ob der „Iceman" das fehlende Bindeglied zwischen Menschen und Affen sei. Sanderson beging in seinem Artikel die große Ungeschicklichkeit, dem „Eismenschen" den Spitznamen „Bozo", den ein bekannter Fernsehclown trug, zu geben. Dies wirkte sich sehr ungünstig in den Presse aus. Denn niemand in den USA glaubte ernsthaft an einen *Homo pongoides,* der nach einem amerikanischen Clown benannt war. Sanderson äußerte sich auch im Fernsehen unangemessen zu diesem Thema.

Bestürzt bemerkte Bernard Heuvelmans, dass sein Freund Ivan T. Sanderson in dieser Angelegenheit kaum noch etwas äußerte, was nicht völlig übertrieben klang. Es schien so, als würde sich die Persönlichkeit von Sanderson seit dem Beginn der Ermittlungen über den „Eismenschen" zu verändern. Die Eigenheiten von Sanderson fielen auch amerikanischen Wissenschaftlern auf. Manche von ihnen vermuteten, Sanderson habe sie mit der Story über den „Eismenschen" von Beginn an zum Narren halten wollen. Erst später stellte sich heraus, dass Sanderson tatsächlich an einer Persönlichkeitsänderung litt. Die Ursache hierfür entdeckte man erst 1973, als Sanderson an einem Gehirntumor starb.

Ein anonymer Hinweis gegenüber Medien in den USA verstärkte den Verdacht auf einen Schwindel. Irgendjemand behauptete, der „Eismensch" sei nur ein Modell aus Hollywood. Dessen Haar sei von einem professionellen Modellmacher namens Peter Corall implantiert worden.

Überraschenderweise tauchte nach einem Monat der untergetauchte Schausteller Frank Hansen wieder auf. Er gab nun offen zu, der angebliche „Eismensch" sei eine Nachbildung. Journalisten und Fotografen wollten die Fälschung sehen und Hansen interviewen. Doch Hansen hatte den „Iceman" inzwischen aufgetaut und einige Veränderungen an ihm vorgenommen. Auf neuen Fotos waren Details wie die linke Hand und lange Zähne im nun geöffneten Mund erkennbar. Obwohl der „Eismensch" jetzt anders aussah, glaubten Sanderson und Heuvelmans immer noch, dass das, was sie im Dezember 1968 erstmals gesehen hatten, kein Modell gewesen sei.

Die Medien dagegen betrachteten inzwischen die Sache mit dem „Eismenschen" als Schwindel. Vor lauter Begeisterung über ihre vermeintliche große Entdeckung seien die beiden Enthusiasten Sanderson und Heuvelmans auf diese Täuschung hereingefallen. Später räumte dies sogar Sanderson selbst ein.

Ungeachtet aller Zweifel behauptete Frank Hansen im Artikel eines Abenteuer-Magazins allen Ernstes, er habe diese Kreatur vor einigen Jahren in Minnesota (USA) während eines Jagdausfluges erschossen. Wenn dies der Wahrheit entsprochen hätte, wäre dieses Geschöpf kein „Nguoi Rung" aus Asien, sondern ein „Bigfoot" aus Nordamerika gewesen. Die Überschrift des phantasievollen Berichts lautete „Wahrheit

Deutscher Kryptozoologe
Michael Schneider

oder Erfindung?" Nachforschungen einer Zeitung aus „Chicao" ergaben später, dass auch diese neue Geschichte von Hansen nicht stimmen konnte.

Dank einer unglaubwürdigen Story, die am 30. Juni 1969 in der US-Zeitung „National Bulletin" stand, wurde die Geschichte über den geheimnisumwitterten „Iceman" noch etwas verrückter. Ein Mädchen behauptete, es sei von einem Affenmonster angefallen und fast vergewaltigt worden. Aber das Mädchen konnte angeblich entkommen, weil es dem Monster ins rechte Auge schoss. Bei diesem Affenmonster soll es sich angeblich um den „Minnesota-Iceman" gehandelt haben. Natürlich war auch diese phantasievolle Story erstunken und erlogen.

Bei der später am „Eismenschen" durchgeführten Vermessung und der Begutachtung von Fotos gelangte der Wissenschaftler John Napier zur Erkenntnis, der vermeintliche Kadaver sei ein Monster aus Schaumstoff und Kunststoff. Frank Hansen habe 1967 ein Modell aus Latex und Haaren des „Iceman" anfertigen lassen. Howard Ball, ein Hollywood-Experte für Spezialeffekte, erzählte, er habe dieses Wesen aus Latex konstruiert. Hansen soll das Latex-Modell immer wieder eingefroren haben.

Der deutsche Kryptozoologe Michael Schneider meinte 2008 in seinem lesenswerten Artikel „Der Minnesota-Eismensch" in „Der Fährtenleser": „Seltsam erscheint jedoch bis heute die Tatsache, dass sich derart erfahrenen Zoologen wie Ivan T. Sanderson und Bernard Heuvelmans so leicht hatten hereinlegen lassen." Heuvelsmans sei allerdings fest davon überzeugt gewesen, nicht getäuscht worden zu sein. Er habe darauf bestanden, dass dieses Wesen echt sei und er habe fest daran geglaubt, sowohl seine Art als seine Herkunft hinreichend erklären zu können.

Doch nun zurück zum vietnamesischen Affenmenschen „Nguoi Rung".

Vermutlich 1971 soll eine abenteuerliche Begegnung mit zwei Affenmenschen in Vietnam erfolgt sein. Eines Tages gingen Einwohner des Bergdorfes Ae Thi in der Provinz Drak Lak weit weg in den Urwald, um dort wieder einmal zu fischen. Nach einiger Zeit wunderten sie sich, weshalb ihre Fischreusen immer leer blieben. Als sie merkwürdige Fußabdrücke entdeckten, die anderthalb Mal so groß wie diejenigen von Menschen waren, legten sie sich auf die Lauer. Nach einigen Nächten bot sich vor der Morgendämmerung ein seltsamer Anblick. Aus dem Urwald kamen angeblich zwei affen-ähnliche, haarige Geschöpfe, von denen das größere männlich und das kleinere weiblich war, und schritten in Richtung des Hinterhalts. Das männliche Lebewesen hob eine Reuse auf und kippte diese, um an die gefangenen Fische zu kommen. Daraufhin stürzten die lauernden Menschen aus ihrem Versteck, überwältigen die beiden Affenmenschen, fesselten sie und nahmen sie mit in ihr Heimatdorf. Als ein Team von Wissenschaftlern in Duc My davon erfuhr, kamen sie in Begleitung südkoreanischer Soldaten in das Bergdorf. Die Soldaten rasierten die Haare aus dem Gesicht der gefangenen Affenmenschen und wuschen sie. Dem männlichen Affenmenschen zogen sie einen gestreiften Anzug an. Den weiblichen Affenmenschen steckten sie in einen Sarong. Danach nahmen die Soldaten beide Affenmenschen mit zu ihrer Basis am Duc My. Was danach mit ihnen geschah, ist unbekannt.

Während des Vietnamkrieges hatten viele Vietcong-Kämpfer und nordvietnamesische Soldaten aufrecht gehende affen-ähnliche Geschöpfe gesichtet. Deswegen suchte 1974 eine wissenschaftliche Expedition mit Billigung des nordvietnamesischen Generals Hoang Minh Thao im Norden der Provinz Kontum nach „Nguoi Rung". An der gefährlichen Expedition nahmen die Professoren Vo Quy und Le Vu Khoi von der „Hanoi University" und Hoang Xuan Chinh vom „Institut of Archaelogy" in Hanoi teil. Bei diesem Unternehmen fing man zwar keinen mysteriösen Affenmenschen, aber Professor Vo Quy fand einen Fußabdruck, der einem „Nguoi Rung" zugeschrieben wurde. Für einen Menschen war dieser Fußabdruck zu breit und für einen Affen zu groß.

1982 entdeckte der vietnamesische Wissenschaftler Tran Hong Viet an den Hängen des Gebirges Chu Mo Ray in der Provinz Kontum nahe der kambodschanischen Grenze angebliche Fußabdrücke von „Nguoi Rung" und fertigte davon Ausgüsse an. Diese Fußabdrücke sind 28 Zentimeter lang und 16 Zentimeter breit. Sie stammen von einem Geschöpf, dessen Füße ungefähr so lang wie diejenigen von vielen Menschen sind, aber merklich breiter. Auch die Zehen jenes Wesens waren länger als beim Menschen.

Professor Tran Hong Viet machte zunächst kein großes Aufheben über seine Erkenntnisse bezüglich der Fußabdrücke des „vietnamesischen Yeti". Erst als das japanische Fernsehen im März 1996 eine Sendung über den „wilden Menschen" ausstrahlte, äußerte er sich hierzu vor der Öffentlichkeit. Viet ist inzwischen Direktor des „Vietnam Cryptozoic and Rare Animals Research Centre" („CRAC"). Laut Professor Tran Hong Viet und anderer vietnamesischer Wissenschaftler ist das „Dreiländereck, wo Vietnam, Kambodscha und Laos aneinander grenzen, das Zentrum zahlreicher Sichtungen des „wilden Mannes".

Dass im Dschungel des zentralen Vietnam bisher unbekannte große Tiere existieren können, bewiesen Entdeckungen in den 1990-er Jahren. Besonderes Aufsehen erregte die 1993 von

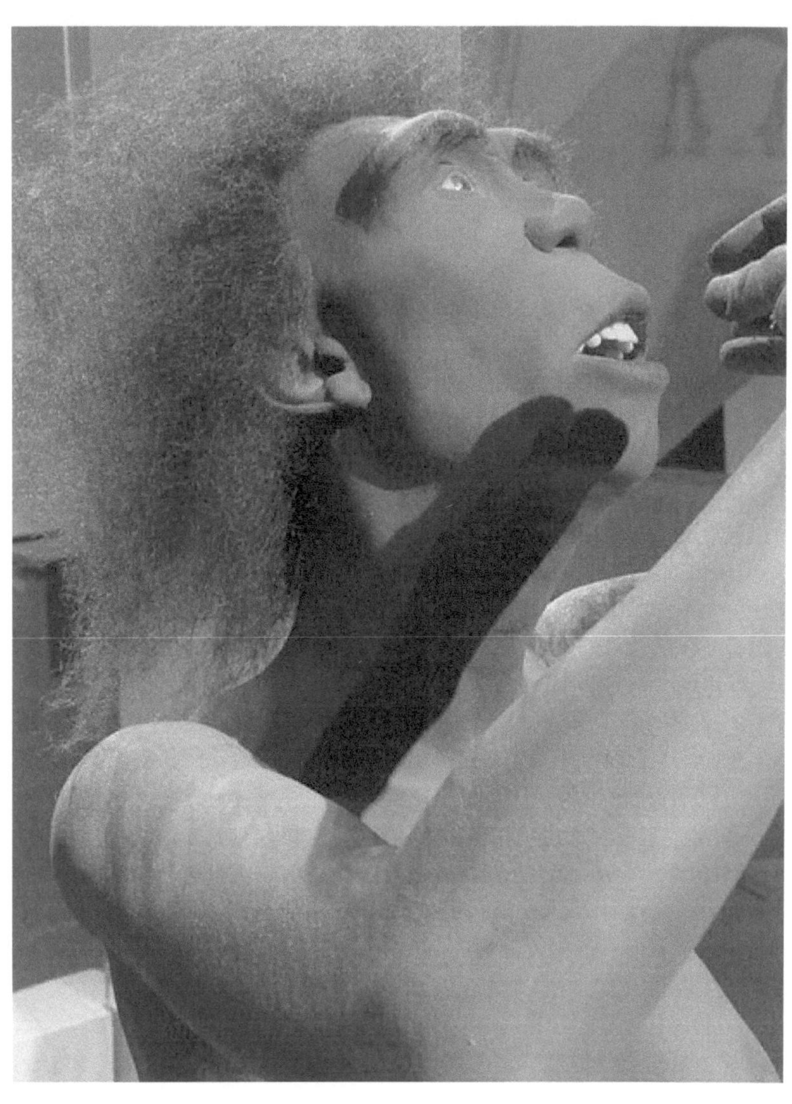

Frühmensch der Art Homo erectus
(„aufrecht gehender Mensch")

Chu Van Dung, Phan Mong Giao, Nguyen Ngoc Chinh, Do Tuoc, Peter Arctander und John MacKinnon erstmals wissenschaftlich beschriebene „Vu-Quang-Antilope" *(Pseudoryx nghetinhensis)* aus dem Vu-Quang-Naturreservat. Dieses auch als „Vu-Quang-Rind" oder vietnamesisches Waldrind bezeichnete Tier mit einer Kopf-Rumpf-Länge von etwa 1,80 Meter wird wegen der Form seiner rund 40 bis 50 Zentimeter langen Hörner, die an Pfosten lokaler Spinnräder erinnern, auch Saola (sao = Pfosten, la = Spinnrad) genannt. Furore machte auch der 1994 von Vern Weitzel erstmals wissenschaftlich beschriebene Riesen-Muntjak *(Megamuntiacus vuquangensis)* aus Laos und Vietnam. Bei männlichen Tieren der ungefähr rehgroßen Muntjak-Hirsche ragen die Eckzähne im Oberkiefer aus dem Maul.

Der Anthropologe Professor Dang Nghiem Van, Direktor des „Institute for Religious Studies" in Hanoi, hat viele im Norden von Vietnam kursierende Geschichten über „Nguoi Rung" gesammelt. Darin ist von unterschiedlich großen Lebewesen die Rede, die den Gebrauch von Feuer beherrschen und Weichtiere (Mollusken) verzehren.

Zahlreiche Legenden berichten über „Nguoi Rung", er komme angeblich zu Feuerstellen im Wald und setze sich schweigend oder allenfalls wenige unverständliche Worte murmelnd neben die dort hockenden Männer. „Nguoi Rung" soll auf Bäume klettern und sie schütteln, um Insekten erbeuten zu können. Zum Schlafen sucht er angeblich – wie der „Yeti" – Grotten oder Felsspalten auf.

Weil die „Waldmenschen" fähig sein sollen, Feuer zu entfachen, meinen Kryptozoologen, der vietnamesische Urwald sei eine Art verlorene Welt, in der sich noch prähistorische Frühmenschen der Art *Homo erectus* („aufrecht gehender Mensch") aufhalten. *Homo erectus* existierte vor mehr als 1,5 Millionen bis vor etwa 300.000 Jahren. Diese Frühmenschen entwickelten im Laufe der Zeit den Faustkeil, zähmten das Feuer, bauten Hütten und jagten mit zugespitzten Holzlanzen sogar Elefanten.

Bernard Heuvelmans, der „Vater der Kryptozoologie", und Helmut Loofs-Wissowa von der „Australian National University" vermuteten, bei „Nguoi Rung" handle es sich um überlebende frühe Menschen.

Venezianischer Kaufmann
Marco Polo (1254–1324)

Entdeckungen von Affenmenschen

Viertes Jahrhundert vor Christus: Der chinesische Staatsmann und Dichter Qu Yuan (340–278 v. Chr.) des Staates Chu erwähnt in seinen Versen gewisse Menschenfresser, die im Gebirge leben. Sein Haus befand sich südlich des Berg- und Waldgebietes Shennongjia in der Provinz Hubei, das als Heimat des Affenmenschen „Yeren" diskutiert wird.

Um 1000 nach Christus: In Tibet erwähnt der Yogi Milarepa, der als Einsiedler im Himalaja lebt, in seinen Gesängen einen Affenmenschen, bei dem es sich um den „Yeti" handeln soll.

13. Jahrhundert: Der venezianische Kaufmann Marco Polo (1254–1324), der Zentralasien und China bereist und 1292 Sumatra besucht, erwähnt zum ersten Mal den Affenmenschen „Sumatra Yeti".

1420-er Jahre: Der aus Bayern stammende Soldat Johannes Schiltberger (1381–um 1427) erfährt in der Mongolei von einem Wesen, das keinem der bis dahin bekannten menschenartigen Affen gleicht und den mongolischen Namen „Alma" trägt.

1595: Der englische Seefahrer Sir Walter Raleigh (1552–1618), der Raub- und Entdeckungsfahrten in die mittelamerikanischen Gewässer veranlasst, hört von bösen affenartigen Wesen, die Frauen verschleppen und Männer angreifen.

1790: In Australien beobachtet erstmals ein Weißer den Affenmenschen „Yowie". Bereits zur Zeit der Besiedlung Australiens durch die ersten Weißen kursierten Geschichten

Schweizer Geologe
François de Loys (1892–1935)

über einen 1,80 bis 2,70 Meter großen Affenmenschen, der angeblich in den Wäldern des „Fünften Kontinents" haust.

1800: Der deutsche Naturforscher Alexander von Humboldt (1769–1859) wird in Lateinamerika von Indianern vor affenartigen, Frauen raubenden und Menschenfleisch essenden Kreaturen namens „Vasitri" oder „Big Devil" gewarnt.

1811: Der Forschungsreisende David Thompson (1770–1857) sichtet als erster Weißer ungewöhnlich große, menschliche Fußspuren des Affenmenschen „Sasquatch" in Nähe der heutigen kanadischen Stadt Jasper.

1869: Ein Regierungsbeamter von British-Guyana und einheimische Begleiter begegnen im Wald einer mysteriösen Kreatur und hören zwei oder drei Mal ein lautes, langes Pfeifen.

1917: Der Affenmensch „Orang Pendek" aus Sumatra wird in einem niederländischen Wissenschaftsjournal erwähnt. Der Farmer und Zoologe Edward Jacobson (1870–1944), der als einer der ersten Forscher die Vulkaninsel Krakatau nach dem verheerenden Ausbruch von 1893 aufsuchte, hatte Indizien für die Existenz eines Affenmenschen auf Sumatra zusammengetragen.

1920: Die Expedition des Schweizer Geologen François de Loys (1892–1935) begegnet am Ufer des Tarra-River in den wenig erforschten Bergdschungeln der Sierra de Perijáa an der kolumbisch-venezolanischen Grenze zwei großen, haarigen und schwanzlosen Affen, die menschenähnlicher als alle bis dahin bekannten südamerikanischen Primaten waren. Dieses südamerikanische Gegenstück zum nordamerikanischen Affenmenschen „Bigfoot" wird als „De-Loys-Affe" bezeichnet.

1923: Der niederländische Siedler J. van Herwaarden sichtet während einer Wildschweinjagd auf Sumatra den auf einem Baum sitzenden Affenmenschen „Orang Pendek".

*Der Journalist Andrew Genzoli (1914–1984)
hat 1958 in der Lokalzeitung „Humboldt Times"
als Erster den Begriff „Bigfoot" verwendet.
Auf obigem Foto ist Genzoli (links) zusammen
mit dem Bulldozer-Fahrer Jerry Crew (rechts)
und dem Abguss eines imposanten Fußabdrucks
von Bluff Creek zu sehen.*

1928: Forschungsteams sammeln in Sibirien Informationen über den Affenmenschen „Chuchunaa".

1920-er und 1930-er Jahre: Der Affenmensch „Skunk Ape" („Stinktier-Affe") wird oft erblickt, als man Teile der Everglades in Südflorida (USA) abholzt.

1947: Einer Kolonne von 20 Franzosen und Einheimischen glückt in einem Urwald in Indochina (heute Vietnam) die erste Sichtung des Affenmenschen „Nguoi Rung".

1958: Der Name „Bigfoot" taucht erstmals in den amerikanischen Medien auf, nachdem der Arbeiter Jerry Crew auf einer Baustelle ungewöhnlich große Fußspuren entdeckt hat.

1960-er und 1970-er Jahre: Während des Vietnamkrieges wird der Affenmensch „Nguoi Rung" erstmals von Weißen gesichtet.

1960-er Jahre: Auf amerikanischen Jahrmärkten wird der als „Minnesota Iceman" bezeichnete Körper eines menschenartigen Wesens gezeigt, der in einen Eisblock eingefroren ist. Angeblich soll er aus Vietnam stammen.

20. Oktober 1967: Roger Patterson (1926–1972) und Bob Gimlin filmen in der Nähe von Bluff Creek (Kalifornien) eine aufrecht gehende, affenähnliche Kreatur, deren Größe auf 2 bis 2,40 Meter geschätzt wird. Dieser umstrittene Film gilt als bekanntester Beweis für die Existenz von „Bigfoot".

Sommer 1989: Die englische Journalistin Debbie Martyr hört bei Reisen im Kerinci-Seblat-Nationalpark vom Affenmenschen „Orang Pendek" und kann im September eine Fährte betrachten. Seitdem sammelt sie Berichte von Augenzeugen und sucht in den Bergen Sumatras dieses scheue Geschöpf.

Autor Ernst Probst

Der Autor

Ernst Probst, geboren am 20. Januar 1946 in Neunburg vorm Wald im bayerischen Regierungsbezirk Oberpfalz, ist Journalist und Buchautor. Er arbeitete von 1968 bis 1971 als Redakteur bei den „Nürnberger Nachrichten", von 1971 bis 1973 in der Zentralredaktion des „Ring Nordbayerischer Tageszeitungen" in Bayreuth und von 1973 bis 2001 bei der „Allgemeinen Zeitung", Mainz. Von 2001 bis 2006 war er zunächst als Buchverleger und später auch weltweit als Fossilien- und Antiquitätenhändler aktiv In seiner Freizeit schrieb Ernst Probst vor allem populärwissenschaftliche Artikel für die „Frankfurter Allgemeine Zeitung", „Süddeutsche Zeitung", „Die Welt", „Frankfurter Rundschau", „Neue Zürcher Zeitung", „Tages-Anzeiger", Zürich, „Salzburger Nachrichten", „Oberösterreichische Nachrichten", Linz, „Die Zeit", „Rheinischer Merkur", „Deutsches Allgemeines Sonntagsblatt", „bild der wissenschaft", „kosmos", „Deutsche Presse-Agentur" (dpa), „Associated Press" (AP) und den „Deutschen Forschungsdienst" (df). Aus der Feder von Ernst Probst stammen zahlreiche Beiträge der Buchreihe „Geschichten, die die Forschung schreibt" sowie die Bücher „Deutschland in der Urzeit" (1986), „Deutschland in der Steinzeit" (1991), „Rekorde der Urzeit" (1992), „Dinosaurier in Deutschland" (1993 zusammen mit Raymund Windolf) und „Deutschland in der Bronzezeit" (1996). Von 1986 bis heute veröffentlichte Probst rund 300 Bücher, Taschenbücher, Broschüren und E-Books.

Literatur

Vorwort
CRYPTOZOO.ORG http://www.cryptozoo.org
HEUVELMANS, Bernard: On The Track of Unknown
Animals, London 1963
KRYPTOZOOLOGIE-ONLINE
http://www.kryptozoologie-online.de
KRYPTOZOOLOGIE, Wikipedia,
http: //de.wikipedia.org/wiki/Kryptozoologie
KRYPTOZOOLOGIE http://wikipedia.org/wiki/Kryptid
PROBST, Ernst: Affenmenschen. Von Bigfoot bis zum Yeti,
München 2013

Nguoi Rung
COLEMAN, Loren / CLARK, Jerome: Cryptozoology
A to Z: The Encyclopedia of Loch Monsters, Sasquatch,
Chupacabras, and Other Authenthics Mysteries of
Nature, Sutton Valence 1999
COLEMAN, Loren / HUYGHE, Patrick: The Field Guide
to Bigfoot, Yeti and Other Mystery Primates Worldwide,
New York City 1999
GRENZWISSENSCHAFT-AKTUELL. Täglich aktuelle
Nachrichten aus Grenz- und Parawissenschaft
http://grenzwissenschaft-aktuell.blogspot.de
HITCHING, Francis: World Atlas of Mysterys, New York
City 1978
JORGENSON, Kregg P. J.: Strange but True Stories of the
Vietnam War – Very Crazy G.I., New York City 2001
MACKINNON, John: In Search of the Red Ape, New York
City 1975

NGOUI RUNG Unknown Explorers
http://www.unknownexplorers.com/ngouirung.php
PROBST, Ernst: Deutschland in der Steinzeit, München
1991
PROBST, Ernst: Rekorde der Urzeit, München 1992
PROBST, Ernst: Nessie. Das Monsterbuch, Mainz-
Kostheim 2003
SANDERSON, Ivan Terrence: The Missing Link?, Argosy
Magazine, S. 23–31, New York City 1969
SCHNEIDER, Michael: Der Minnesota-Eismensch, Der
Fährenleser, Ausgabe 5, S. 19–27, Krombach 2008
SHACKLEY, Myra: Und sie leben doch. München 1983
SHACKLEY, Myra: Still living?: Yeti, Sasquatch and the
Neanderthal Enigma, London 1986
SHACKLEY, Myra: Und sie leben doch: Bigfoot, Almas,
Yeti und andere geheimnisvolle Wildmenschen, München
1983
WIKIPEDIA (Online-Lexikon) http://wikipedia.org
ZELIGMAN, Evelina: The Puzzle of the „Iceman". Asia
and Africa Today, 1/1983, S. 58–61

Bildquellen

Titelblatt
Talitha Wittich, Portraitzeichnung-deutschlandweit,
www.portrait-deutschland.de, Frankfurt am Main: 1

Vorwort
Talitha Wittich, Portraitzeichnung-deutschlandweit,
www.portrait-deutschland.de, Frankfurt am Main: 6
TKnox aus Chemainus, BC, Canada / http://flickr.com/
photos/59824614@N00/17022620 / CC-BY2.0: 8 (via
Wikimedia Commons), lizensiert unter CreativeCommons-
Lizenz by-2.0-en, http://creativecommons.org/licenses/by/
2.0/legalcode
Laurence M. King / http://flickr.com/photos/
8268561@N03/4416271597 / CC-BY2.0: 10 (via
Wikimedia Commons), lizensiert unter CreativeCommons-
Lizenz by-2.0-de, http://creativecommons.org/licenses/by-
sa/2.0/legalcode
Ltshears / CC-BY-SA3.0: 11 (via Wikimedia Commons),
lizensiert unter CreativeCommons-Lizenz by-sa-3.0-de,
http://creativecommons.org/licenses/by-sa/3.0/legalcode
Antony from Gloucester, UK / http://www.flickr.com/
photos/16687586@N00 / CC-BY-SA2.0: 12 (via
Wikimedia Commons), lizensiert unter CreativeCommons-
Lizenz unter by-sa-2.0-de, http://creativecommons.org/
licenses/by-sa/2.0/legalcode
Jeff Gibbs / http://www.flickr.com/photos/jeffgibbs/
2167149548/in/set-72157600104317876 / CC-BY-SA3.0:
13 (via Wikimedia Commons), lizensiert unter
CreativeCommons-Lizenz by-sa-3.0-de,

Bücher von Ernst Probst